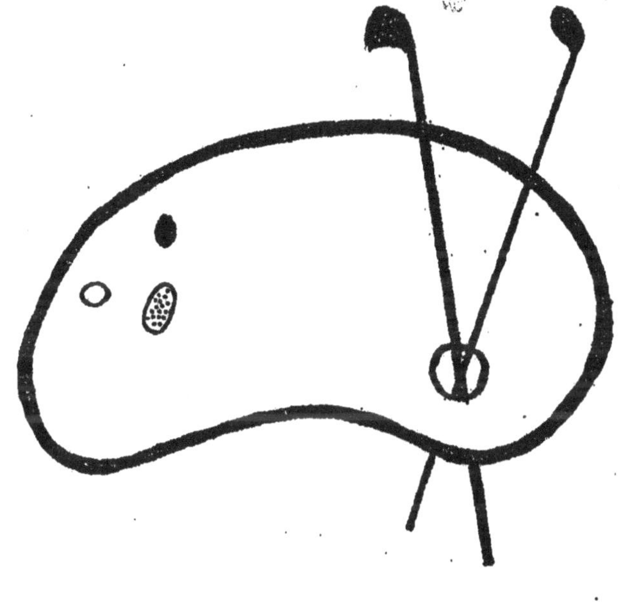

DEBUT D'UNE SERIE DE DOCUMENTS
EN COULEUR

L'EUCHARISTIE

DANS L'ÉGLISE PRIMITIVE

PAR

V. ERMONI

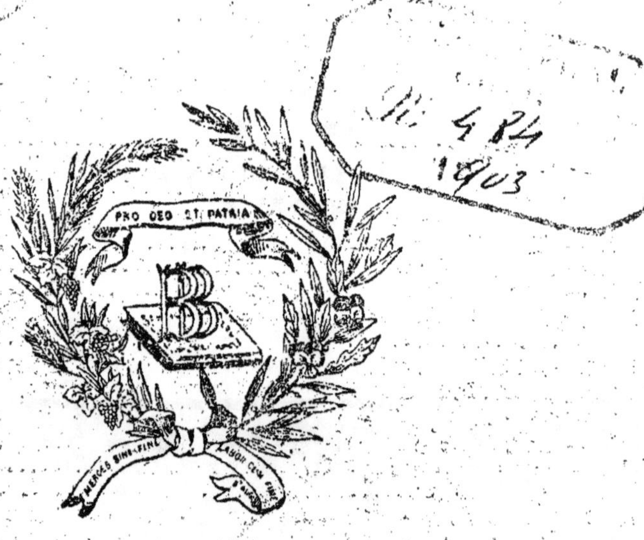

PARIS

LIBRAIRIE BLOUD & Cie

4, RUE MADAME ET RUE DE RENNES, 59

1904

SCIENCE ET RELIGION
Études pour le temps présent. — Prix O fr. 60 le vol.

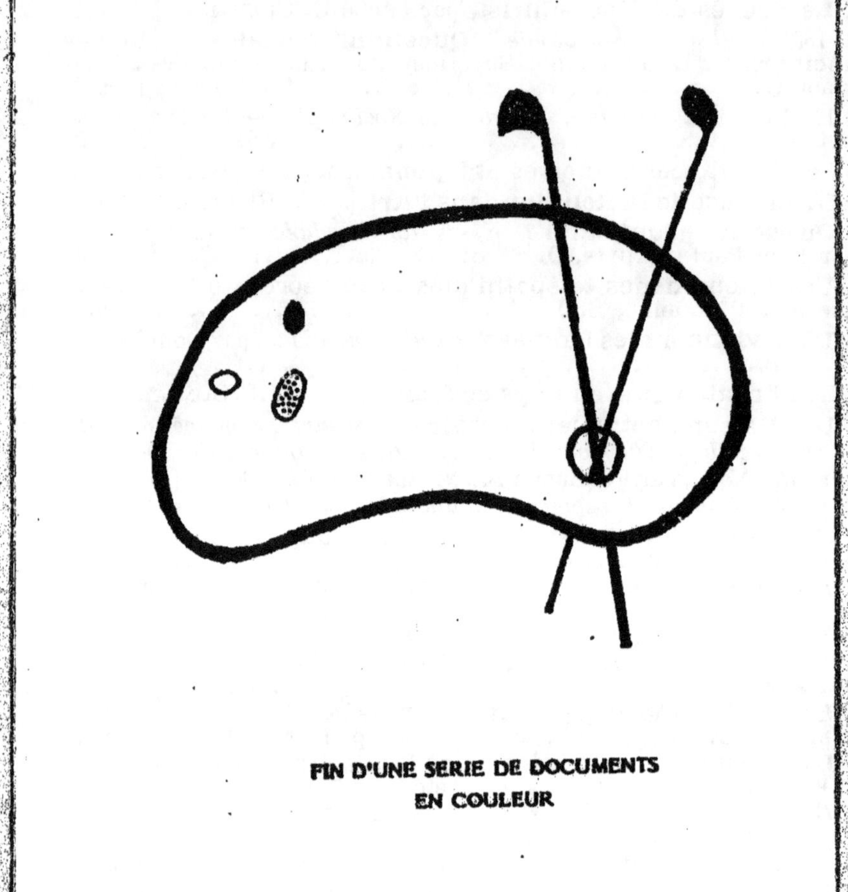

FIN D'UNE SERIE DE DOCUMENTS
EN COULEUR

L'EUCHARISTIE

DANS L'ÉGLISE PRIMITIVE

Paris, le 21 septembre 1903.

Sur le rapport favorable qui nous en a été fait, j'autorise M. V. Ermoni à publier « L'Eucharistie dans l'Eglise primitive ».

A. FIAT,
supérieur général.

Permis d'imprimer :

Paris, 21 septembre 1903.

G. LEFEBVRE,
vic. gén.

SCIENCE ET RELIGION
Etudes pour le temps présent

L'EUCHARISTIE

DANS L'ÉGLISE PRIMITIVE

PAR

V. ERMONI

PARIS

LIBRAIRIE BLOUD & Cⁱᵉ

4, RUE MADAME ET RUE DE RENNES, 59

1904

AVANT-PROPOS

Mon travail sur « l'Agape » appelle comme complément une étude sur « l'Eucharistie ». Ces deux sujets sont en effet très connexes et l'on ne peut avoir une vue complète de la question qu'en les embrassant tous deux. Une autre raison me porte à entreprendre cette tâche : c'est que l'Eucharistie est l'un de nos dogmes les plus importants, et en même temps le centre de la piété chrétienne ; théologiens et simples fidèles ont donc intérêt à savoir comment l'on comprenait et célébrait l'Eucharistie dans la primitive Eglise. Je suivrai la même méthode : je m'enferme dans les deux premiers siècles du Christianisme et n'utilise que les principaux textes eucharistiques. Mon ambition est naturellement de traiter le problème au point de vue historique et critique ; mais ce serait pour moi une grande consolation, si ces quelques pages pouvaient susciter ou développer dans les âmes la dévotion pour l'auguste Sacrement de nos autels.

BIBLIOGRAPHIE (1)

* CHEETHAM : *The Mysteries, Pagan and Christian*, Londres, 1897.

* W. B. FRANKLAND : *The early Eucharist*, Londres, 1902.

* P. GARDNER : *Exploratio evangelica*, Londres, 1899.

ID. : *The origin of the Lord's Supper*, Londres, 1893.

* HOFFMANN : *Die Abendmahlsgedanken Jesu Christi*, Königsberg, 1896.

* PLUMER : *Lord's Supper*, dans *Dictionary of the Bible* d'Hasting.

G. SEMERIA : *Dogma, Gerarchia e Culto*, Rome, 1902, p. 359-383.

* E. SPITTA : *Die urchristlichen Trraditionen über Ursprung und Sinn des Abendmahls*, 1893.

* SWETE : *Eucharistic Belief in the second and third Centuries*, dans *Journal of Theological Studies*, janvier, 1902.

* TALBOT : *Titles and aspects of the holy Eucharist*.

(1) Les noms précédés d'un * sont protestants.

L'EUCHARISTIE
DANS L'ÉGLISE PRIMITIVE

CHAPITRE PREMIER

L'EUCHARISTIE DANS LE NOUVEAU TESTAMENT

I. Les deux groupes de formules. — II. Le quatrième Evangile.

I. — Les deux groupes de formules.

Les formules eucharistiques contenues dans les Synoptiques et la première Epître aux Corinthiens se classent en deux groupes qu'il est facile de distinguer à première vue : MATTHIEU-MARC, et LUC-PAUL. Etudions ce double groupe.

1° *Exposé des formules.*

A. — Le pain (1).

MATTH.-MARC	LUC-PAUL
PRENEZ, *mangez*, ceci est mon corps. (MATTH., XXVI, 26 b).	Ceci est mon corps [QUI (est) *donné* POUR VOUS ; FAITES CECI EN MÉMOIRE DE MOI]. (LUC, XXII, 19 b-c) (2).
PRENEZ, ceci est mon corps. (MARC, XIV, 22 b).	Ceci est mon corps, QUI (est) (3) POUR VOUS ; FAITES CECI EN MÉMOIRE DE MOI. (I COR., XI, 24 b-c).

B. — Le calice.

CECI EST *en effet* mon sang, *le* (sang) du Testament, le (sang) répandu pour PLUSIEURS, *pour la rémission des péches.* (MATTH., XXVI, 28 b-c.)	[CE CALICE (est) LE NOUVEAU Testament DANS mon sang, le (sang) répandu pour VOUS]. (LUC, XXII, 20 b).

(1) J'écris en grandes capitales romaines les mots propres au groupe MATTH.-MARC, en petites capitales romaines les mots propres au groupe LUC-PAUL, et en italiques les variantes des deux représentants de chaque groupe.

(2) Les mots entre [ ] sont regardés comme des interpolations par WESTCOTT-HORT.

(3) Le mot « rompu » (κλώμενον) du « Textus Receptus » est rejeté par les éditions critiques.

MATTH.-MARC	LUC.-PAUL
CECI EST mon sang du Testament, le (sang) répandu pour PLUSIEURS. (MARC, XIV, 24).	CE CALICE *est* LE NOUVEAU Testament DANS mon sang ; *faites ceci en mémoire de moi, toutes les fois que vous en boirez.* (I COR., XI, 25 b-c).

2° *Examen des formules.*

Il est maintenant aisé de mettre en relief les variantes de ces formules, qui intéressent surtout la critique dans ce sens qu'elles légitiment certaines inductions. Comme nous l'avons déjà laissé entrevoir, ces variantes sont de deux sortes : les unes sont de groupe à groupe ; les autres concernent chaque groupe pris isolément :

A. — Variantes des deux groupes.

On constate immédiatement que les formules du groupe LUC-PAUL sont plus développées que celles du groupe MATTH.-MARC ; ainsi elles ajoutent : pour le corps : « donné... pour vous ; faites ceci en mémoire de moi » ; et pour le calice : « ce calice... Nouveau ». En revanche, elles manquent de : « Prenez, mangez ». Outre les additions et les omissions, on remarque aussi une variante de moindre importance ; pour le calice, à la place de « plusieurs » de Matth.-Marc, Luc a « vous ».

B. — Variantes dans chaque groupe.

1. Matth.-Marc. — Pour le pain, Matth. ajoute : « mangez », et pour le calice : « pour la rémission des péchés », qui ne se trouvent pas dans Marc. — 2. Luc-Paul. — Pour le calice, Paul ajoute : « faites ceci en mémoire de moi, toutes les fois que vous en boirez », qui manquent dans Luc.

3° *Ordre Chronologique.*

Si l'on part de ce principe que les formules les plus simples sont les plus anciennes, parce que la critique admet comme un postulat que toute addition suppose un texte antérieur ; si l'on tient, de plus, compte du développement des idées qui a dû commencer d'assez bonne heure, on est amené à disposer les quatre formules dans l'ordre suivant : Marc, Matthieu, Paul, Luc. En effet, nous venons de voir que Matth. contient, par rapport à Marc, deux additions : « mangez » et « pour la rémission des péchés ». Luc contient, par rapport à Paul, l'addition : « le (sang) répandu pour vous ». Marc serait donc la formule la plus ancienne, le type archaïque ; MATTHIEU suivrait ; PAUL viendrait en troisième lieu ; enfin LUC serait le dernier. Il ne faut, bien entendu, attacher à cette datation que la valeur d'une suggestion critique.

4° *Inductions critiques.*

Comment expliquer ces variantes ? A cette question on ne peut pas donner de réponse certaine. Il est cependant permis de faire quelques inductions critiques. MATTHIEU, devait avoir sous les yeux le texte de MARC. Le mot : « prenez » de ce dernier n'indiquait pas l'usage qu'on devait faire du pain, corps de Jésus-Christ. MATTHIEU eut conscience de cette lacune ; il y suppléa par l'addition : « mangez », qui indique que le corps de Jésus est une nourriture. Quant à l'addition : « pour la rémission des péchés », elle dut être faite pour affirmer le caractère propitiatoire et rédempteur de l'Action de Jésus. LUC rapporte, pour le pain, et PAUL, pour le pain et le calice, le commandement : « faites ceci en mémoire de moi ». Cette addition dut être faite au texte de MATTH.-MARC, pour rappeler aux fidèles l'obligation où ils étaient de célébrer l'Eucharistie.

II. — Le quatrième Evangile.

Le quatrième Evangile ne contient aucune formule eucharistique. Il est vrai que le chapitre vı° est, en grande partie, eucharistique (1) ; mais c'est une simple dissertation. Toute formule typique est absente du quatrième Evangile, et le récit de l'institution de l'Eucharistie aussi. Ce fait crée une réelle difficulté que nous sommes loin de méconnaître. La chose est même d'autant plus frappante que l'apôtre Jean qui avait reposé, à la dernière Cène, sur le côté du divin Maître, est, pour la plupart des exégètes, l'auteur du quatrième Evangile. Comment donc Jean a-t-il pu passer sous silence la scène si touchante de l'Institution de l'Eucharistie ? Ceux qui nient l'authenticité johannique du quatrième Evangile, se tirent sans peine de cette difficulté. Mais ici nous discutons en nous plaçant dans la thèse traditionnelle de l'authenticité. Nous ne contesterons pas que vı, 53-56 (grec), 54-57 (latin) ne soit l'équivalent des formules synoptiques ; à l'exception de « chair » pour « corps » (σάρξ pour σῶμα), c'est la même ter-

_____
(1) ỹỹ. 32-59.

minologie ; au point de vue strictement théologique, cela suffit assurément à atténuer et même à résoudre la difficulté ; mais il n'en est pas de même au point de vue historique ou critique. Sous ce rapport on pourra faire toutes les hypothèses que l'on voudra ; on pourra dire que l'auteur du quatrième Evangile, ayant rapporté intégralement le discours eucharistique, a cru superflu de citer les formules qui en sont comme le résumé, la condensation ; d'autres soutiendraient, au contraire, que le discours eucharistique du quatrième Evangile n'est, en quelque sorte, que le développement, la paraphrase des formules synoptiques ; d'autres enfin pourraient être tentés de supposer que l'auteur du quatrième Evangile, ayant écrit à une époque relativement tardive où les formules synoptiques étaient déjà d'usage courant dans la liturgie, s'est dispensé de les rapporter et a plutôt visé à tracer un développement doctrinal. Tout cela n'a rien d'impossible. Cependant, pour la critique positive, le meilleur parti à prendre est de constater tout simplement le fait, d'autant plus que l'omission faite par le quatrième Evangile ne saurait ébranler, en quoi que ce soit, la valeur des formules paulino-synoptiques.

CHAPITRE II

L'EUCHARISTIE CHEZ LES PÈRES APOSTOLIQUES

I. Les lettres de saint Ignace. — II. Le martyre de
Polycarpe. — III. La Didachè.

I. — Les lettres de saint Ignace.

Ces lettres nous fournissent plusieurs
textes eucharistiques. L'historien n'a que
le droit de les transcrire, sans chercher à
faire des commentaires théologiques; ils
sont d'ailleurs, croyons-nous, assez clairs
par eux-mêmes. Dans sa lettre aux Ephésiens, xx, 2, saint Ignace s'exprime ainsi :
« Vous.... vous rencontrez dans une foi et
en Jésus-Christ, de la race de David selon
la chair, fils de l'homme et fils de Dieu, pour
obéir à l'évêque et au presbytérium dans

une pensée inébranlable, ROMPANT UN SEUL PAIN, QUI EST LE REMÈDE DE L'IMMORTALITÉ, UN ANTIDOTE CONTRE LA MORT ET [un principe] DE VIE EN JÉSUS-CHRIST PAR TOUT » (1). Ecrivant aux Tralliens, il leur dit, VIII, 1 : « Quant à vous, embrassant la douceur, ravivez-vous dans la foi, QUI EST LA CHAIR DU SEIGNEUR, ET DANS LA CHARITÉ, QUI EST LE SANG DE JÉSUS-CHRIST » (2). Aux Romains il dit, VII, 3 : « Je ne désire pas une nourriture corruptible, ni les plaisirs de cette vie ; je veux LE PAIN DE DIEU, QUI EST LA CHAIR DU CHRIST, DE LA RACE DE DAVID, ET JE VEUX POUR BREUVAGE SON SANG, QUI EST CHARITÉ INCORRUPTIBLE » (3). Il exhorte les Philadelphiens, IV, à « user d'une seule Eucharistie, CAR UNE EST LA CHAIR DE NOTRE-SEIGNEUR JÉSUS-CHRIST, ET UN LE CALICE POUR L'UNION DE SON SANG » (4). Enfin il déclare

(1) ... ἕνα ἄρτον κλῶντες, ὅς ἐστιν φάρμακον ἀθανασίας, ἀντίδοτος τοῦ μὴ ἀποθανεῖν, ἀλλὰ ζῆν ἐν Ἰησοῦ Χριστῷ διὰ παντός.

(2) ... ἀνακτίσασθε ἑαυτοὺς ἐν πίστει, ὅ ἐστιν σὰρξ τοῦ Κυρίου, καὶ ἐν ἀγάπῃ, ὅ ἐστιν αἷμα Ἰησοῦ Χριστοῦ.

(3) ..... ἄρτον Θεοῦ θέλω, ὅ ἐστιν σὰρξ Ἰησοῦ Χριστοῦ, τοῦ ἐκ σπέρματος Δαβίδ, καὶ πόμα θέλω τὸ αἷμα αὐτοῦ, ὅ ἐστιν ἀγάπη ἄφθαρτος.

(4) μία γὰρ σὰρξ τοῦ Κυρίου ἡμῶν Ἰησοῦ Χριστοῦ, καὶ ἕν ποτήριον εἰς ἕνωσιν τοῦ αἵματος αὐτοῦ.

aux Smyrnéens, VII, 1, que certains « s'abs-
tiennent de l'Eucharistie et de la prière,
parce qu'ils ne confessent pas que L'EU-
CHARISTIE EST LA CHAIR DE NOTRE SAUVEUR
JÉSUS-CHRIST, LAQUELLE A SOUFFERT POUR NOS
PÉCHÉS, QUE LE PÈRE A RESSUSCITÉE PAR
BONTÉ » (1).

II. — Le martyre de Polycarpe.

Une lettre de l'Eglise de Smyrne à celle
de Philomélium et aux autres Eglises de la
chrétienté relate le martyre de saint Polycarpe ; cette lettre contient, XIV, 2, une
mention de l'Eucharistie. Le saint martyr,
étant enchaîné, s'adresse à Dieu en ces
termes : « Je te bénis de ce que tu m'as
rendu digne de ce jour et de cette heure,
ainsi que de prendre part [= rang] dans
le nombre des martyrs DANS LE CALICE DE
TON CHRIST (2), pour la résurrection de la vie
éternelle de l'âme et du corps dans l'incor-
ruptibilité de l'Esprit saint, etc. ».

______

(1) .... διὰ τὸ μὴ ὁμολογεῖν, τὴν εὐχαριστίαν σάρκα
εἶναι τοῦ σωτῆρος ἡμῶν Ἰησοῦ Χριστοῦ, τὴν ὑπὲρ τῶν
ἁμαρτιῶν ἡμῶν παθοῦσαν, ἥν τῇ χρηστότητι ὁ Πατὴρ
ἤγειρεν.

(2) .... ἐν τῷ ποτηρίῳ τοῦ Χριστοῦ σου, κ. τ. λ.

III. — La Didachè.

Le chapitre xiv de la *Didachè* est, de l'avis de tous les critiques, sûrement eucharistique. Traduisons d'abord ce chapitre.

Le jour du Seigneur, vous étant assemblés, rompez le pain et rendez grâces, après avoir fait l'exomologèse de vos transgressions afin que votre sacrifice soit pur. Quiconque est en désaccord avec son prochain, qu'il n'assiste pas à votre assemblée, jusqu'à ce qu'ils se soient réconciliés, afin que votre sacrifice ne soit pas souillé ; car c'est lui qui a été annoncé par le Seigneur : « En tout lieu et en tout temps [on] m'offre un sacrifice pur ; parce que je suis un grand roi, dit le Seigneur, et mon nom est admirable parmi les nations (1) ».

On voit par ce passage que les indications, fournies par la *Didachè*, sont au nombre de cinq : 1° *Le temps* : l'Eucharistie était célébrée le jour du Seigneur : Κατὰ κυριακὴν δὲ Κυρίου, c'est-à-dire le Dimanche ; 2° *la matière* : on rompait le pain, κλάσατε ἄρτον ; il n'est nullement question de vin ; 3° *l'action de grâces* : on rendait grâces [à Dieu], εὐχαρισ-

(1) Cf. Mal., i, 11.

τήσατε (1) ; 4° *l'exomologèse :* on faisait préalablement l'exomologèse de ses transgressions, προεξομολογησάμενοι τὰ παραπτώματα ὑμῶν ; 5° enfin l'Eucharistie est un *sacrifice*, θύσια. Elle est le sacrifice annoncé par le Seigneur : αὕτη γὰρ ἐστιν ἡ ῥηθεῖσα ὑπὸ Κυρίου.

(1) Cf. MATTH., XXVI, 27ᵃ ; MARC, XIV, 23ᵃ ; LUC, XXII, 19ᵃ ; I COR., XI, 24ᵃ.

CHAPITRE III

L'EUCHARISTIE DANS SAINT JUSTIN

I. Le texte de la première *APOLOGIE.* — II. Les textes
du *DIALOGUE AVEC TRYPHON.*

I. — Le texte de la première « Apologie. »

Saint Justin, dans sa *première Apologie*,
s'étend assez longuement sur le rite eucharistique. Force nous est d'abréger ses textes.
Il décrit la réunion des chrétiens ; après
avoir donné quelques détails, il poursuit
ainsi : « Alors on apporte au président des
frères UN PAIN ET UN CALICE D'EAU, ET DE VIN
MÉLANGÉS (1), et, [le président] l'ayant pris,

(1) ἔπειτα προσφέρεται τῷ προεστῶτι τῶν ἀδελφῶν
ἄρτος καὶ ποτήριον ὕδατος καὶ κράματός, κ. τ. λ.

il envoie louange et gloire au Père de toutes choses par le nom du Fils et de l'Esprit saint, et lui rend grâces pendant assez longtemps d'avoir agréé ces choses ; lorsqu'il a achevé les prières sur l'Eucharistie, tout le peuple présent approuve en disant : AMEN ; ce mot : AMEN, signifie en langue hébraïque : *Ainsi soit-il.* Après que le président a rendu grâces et que tout le peuple a approuvé, ceux que nous appelons DIACRES donnent à chacune des personnes présentes de participer AU PAIN CONSACRÉ, AU VIN ET A L'EAU, ET [les] PORTENT AUX ABSENTS (1). — Cette NOURRITURE est appelée chez nous : « Eucharistie », à laquelle il n'est permis de participer à aucun autre qu'à celui qui croit que ce que nous enseignons est vrai, qui a été ondoyé pour la rémission des péchés et pour la régénération, et vit conformément aux prescriptions du Christ. Nous ne prenons pas ces choses comme du PAIN ORDINAIRE ET UN BREUVAGE ORDINAIRE (2), mais, comme

(1) ..... οἱ καλούμενοι παρ' ἡμῖν διάκονοι διδόασιν ἑκάστῳ τῶν παρόντων μεταλαβεῖν ἀπὸ τοῦ εὐχαριστηθέντος ἄρτου καὶ οἴνου καὶ ὕδατος, καὶ τοῖς οὐ παροῦσιν ἀποφέρουσιν.

(2) Οὐ γὰρ ὡς κοινὸν ἄρτον οὐδὲ κοινὸν πόμα ταῦτα λαμβάνομεν, κ. τ. λ.

par la parole de Dieu, Jésus-Christ notre Sauveur s'est incarné et a eu chair et sang pour notre salut, de même on nous a enseigné que la NOURRITURE DEVENUE EUCHARISTIE par la prière et la parole qui vient de lui, DONT SE NOURRISSENT PAR UN CHANGEMENT NOTRE SANG ET NOS CHAIRS EST LE SANG DE CE JÉSUS INCARNÉ (1). En effet, les Apôtres, dans leurs mémoires appelés « Evangiles », nous ont transmis qu'il leur avait été ordonné ainsi : que Jésus, prenant le pain et rendant grâces, dit : « FAITES CECI EN MÉMOIRE DE MOI ; CECI EST MON CORPS » ; et prenant également le calice et rendant grâces, il dit : « CECI EST MON SANG », et il en donna à eux seuls. Les mauvais démons ont enseigné, par imitation, à faire cela dans les mystères de Mithra. Car vous savez ou vous pouvez apprendre qu'on présente le pain et une coupe d'eau, avec certaines formules, dans les rites des initiés ». — Après avoir rappelé qu'on se réunissait le Dimanche pour lire les Ecritures, et pour prier, il continue :

(1) ..... οὕτως καὶ τὴν δι' εὐχῆς λόγου τοῦ παρ' αὐτοῦ εὐχαριστηθεῖσαν τροφήν, ἐξ ἧς αἷμα καὶ σάρκες κατὰ μεταβολὴν τρέφονται ἡμῶν, ἐκείνου τοῦ σαρκοποιηθέντος Ἰησοῦ καὶ σάρκα καὶ αἷμα ἐδιδάχθημεν εἶναι.

« Ensuite nous nous levons tous ensemble, et faisons des prières ; et, comme nous l'avons déjà dit, lorsque nous avons fini notre prière, ON APPORTE DU PAIN, DU VIN ET DE L'EAU, et le président également prie et rend grâces, autant qu'il lui est possible, et le peuple approuve en disant : AMEN, et l'on distribue les choses consacrées à chacun [des assistants], et on les envoie par les diacres aux absents » (1).

Dégageons les principaux éléments de ce rituel eucharistique: on se réunissait le Dimanche (2) pour célébrer l'Eucharistie ; on employait à cet effet du pain, du vin et de l'eau ; tous les fidèles présents recevaient l'Eucharistie sous sa double espèce [le corps et le sang] ; les diacres la portaient aux absents ; cette nourriture, que recevaient les fidèles, est la chair et le sang de Jésus incarné, d'où naturellement l'idée de « Transsubstantiation ».

(1) Nn. 65-67 ; *P. G.*, t. VI, col. 428-429.

(2) En souvenir, ajoute-t-il, de la création et de la résurrection de Jésus-Christ.

II. — Les textes du « Dialogue avec Tryphon. »

Ces textes sont au nombre de trois :

1° Il voit la figure de l'Eucharistie dans l'offrande de la farine de l'ancienne Loi : « L'offrande de la farine, disais-je, prescrite pour ceux qui devaient être purifiés de la lèpre, ÉTAIT LA FIGURE DU PAIN DE L'EUCHARISTIE, QUE JÉSUS-CHRIST NOTRE-SEIGNEUR NOUS A ORDONNÉ D'OFFRIR EN MÉMOIRE DE LA PASSION QU'IL A SOUFFERTE POUR LES HOMMES QUI PURIFIENT LEUR AME DE TOUT MAL (1), pour remercier Dieu d'avoir créé pour l'homme le monde et tout ce qu'il contient, de nous avoir délivrés du mal, dans lequel nous nous trouvions, et d'avoir complètement renversé les puissances et les pouvoirs par Celui qui devint sujet à la souffrance selon sa volonté. Touchant les sacrifices, que vous offriez alors, Dieu, comme je l'ai déjà rappelé, a dit par Malachie, un des douze (2)....

______

(1) Καὶ ἡ τῆς σεμιδάλεως δὲ προσφορὰ... τύπος ἦν τοῦ ἄρτου τῆς Εὐχαριστίας, ὅν εἰς ἀνάμνησιν τοῦ πάθους οὗ ἔπαθεν ὑπὲρ τῶν καθαιρομένων τὰς ψυχὰς ἀπὸ πάσης πονηρίας ἀνθρώπων, Ἰησοῦς Χριστὸς ὁ Κύριος ἡμῶν παρέδωκε ποιεῖν, κ. τ. λ.

(2) Citation de MAL., I, 10b-12a.

Alors il parla des sacrifices que nous autres, nations, nous lui offrons en tout lieu, c'est-à-dire du pain et du calice eucharistiques, disant que nous louons son nom et que vous le profanez » (1).

2° Ayant cité Is., XXXIII, 13-19, il ajoute : « Il est clair que cette prophétie se rapporte aussi au PAIN QUE NOTRE CHRIST NOUS A ORDONNÉ D'OFFRIR EN MÉMOIRE DE SON INCARNATION A CAUSE DE CEUX QUI CROIENT EN LUI, pour lesquels aussi il s'est soumis aux souffrances, et au CALICE QU'IL NOUS A ORDONNÉ D'OFFRIR, AVEC ACTION DE GRACES, EN MÉMOIRE DE SON SANG » (2).

3° Il développe la prophétie de Malachie : « Ainsi nous autres nous sommes une vraie race sacerdotale de Dieu (3), comme Dieu lui-même le certifie lorsqu'il dit qu'on lui offrira en tout lieu dans les nations des sacrifices agréables et purs. — Dieu a donc préalablement certifié qu'il a pour agréables tous les sacrifices [offerts] par ce nom, que Jésus-Christ a ordonné d'offrir, c'est-à-dire pour l'EUCHARISTIE DU PAIN ET DU CALICE (4),

____

(1) N. 41 ; *P.G*, t. VI, col. 564.
(2) N. 70 ; *P. G.*, t. VI, col. 641.
(3) ἀρχιερατικὸν τὸ ἀληθινὸν γένος ἐσμὲν τοῦ Θεοῦ.
(4)... ἐπὶ τῇ εὐχαριστίᾳ τοῦ ἄρτου καὶ τοῦ ποτηρίου.

les [sacrifices] offerts par les chrétiens en tout lieu de la terre. Quant aux sacrifices que vous lui offrez ou que lui offrent vos prêtres, il les rejette en disant (1)..... J'affirme que les prières et les actions de grâces faites par les dignes sont les seuls sacrifices parfaits et agréables à Dieu. Les chétiens ont appris à n'offrir que ces sacrifices, même EN MÉMOIRE DE LEUR NOURRITURE SOIT SOLIDE SOIT LIQUIDE (2), dans laquelle est rappelée la passion que le Fils de Dieu a soufferte pour eux (3)..... Il n'est aucune race humaine.... où l'on n'adresse par le nom de Jésus crucifié des prières et des actions de grâces au Père et au Créateur de toutes choses » (4).

Les idées doctrinales qui dominent dans ces textes sont au nombre de deux : en premier lieu l'Eucharistie est le Mémorial de l'incarnation et de la passion de Jésus-Christ ; en second lieu, elle est un sacrifice, qui réalise la prophétie de Malachie. L'au-

(1) Citation de MAL,. I, 10.
(2) Le pain et le vin.
(3)... ἐν ᾗ [τροφῇ] καὶ τοῦ πάθους, ὃ πέπονθε δι'αὐτοὺς ὁ Υἱὸς τοῦ Θεοῦ μέμνηται.
(4) N. 116-117 ; P. G., t, VI, col. 745-749.

teur insiste sur cette dernière idée et pour cause, car dans le *Dialogue avec Tryphon* il a affaire à un Juif; il est donc naturel qu'il s'attarde à montrer dans le Nouveau Testament la réalisation des prophéties de l'Ancien.

CHAPITRE IV

L'EUCHARISTIE DANS SAINT IRÉNÉE

I. Les textes. — II. Leur doctrine. — III. La lettre
d'Irénée à saint Victor.

I — Les textes.

Saint Irénée revient à plusieurs reprises
sur l'Eucharistie ; commençons par recueil-
lir ses paroles :

1º Après avoir établi que Dieu n'avait pas
besoin des sacrifices et des oblations de l'ancienne Loi, il continue ainsi : « D'après cela
il est évident que Dieu ne leur (aux Juifs) de-
mandait pas des sacrifices et des holocaustes, mais la foi, l'obéissance et la justice à
cause de leur salut. Comme dans le prophète
Osée, leur enseignant sa volonté, il disait :

*j'aime la piété plus que le sacrifice et la con-
naissance de Dieu plus que les holocaustes* (1).
Notre-Seigneur leur inculquait les mêmes
choses lorsqu'il disait : *Si vous saviez ce que
signifie* : « Je prends plaisir à la miséricorde
et non aux sacrifices, *vous n'auriez pas con-
damné des innocents* » (2) ; il rendait ainsi
témoignage que les prophètes avaient prédit
la vérité ; quant à eux, il les reprenait comme
étant insensés par leur faute. — Mais cou-
seillant à ses disciples d'offrir à Dieu des
prémices de ses créatures, non qu'il en ait
besoin, mais pour qu'ils ne soient ni in-
fructueux ni ingrats, il prit le pain, qui est
de la créature, et rendit grâces en disant :
Ceci est mon corps. De même il déclara que
le calice, qui est de la même créature que
nous, est son sang, et enseigna la nouvelle
oblation du Nouveau Testament ; que
l'Eglise, l'ayant reçue des apôtres, offre dans
l'univers entier à Dieu, à Celui qui nous
fournit les aliments, comme les prémices
de ses dons dans le Nouveau Testament, ce
que Malachie, un des douze Prophètes, a
prédit en ces termes : (3)... il (Malachie) a

----

(1) vi, 6.
(2) MATTH., XII, 7.
(3) Citation de MAL., I, 10-11.

clairement indiqué par là que le premier peuple cessera d'offrir [des sacrifices] à Dieu et que, néanmoins, on lui offrira en tout lieu un sacrifice pur ; quant à son nom, il sera glorifié parmi les nations » (1).

2° Il s'attache à prouver que dans l'Eglise seule on offre à Dieu un vrai et pur sacrifice : « L'oblation de l'Eglise, qui, suivant l'enseignement du Seigneur, est offerte dans le monde entier, est regardée par Dieu comme un pur sacrifice, et lui est acceptable ; non pas qu'il ait besoin de nos sacrifices, mais parce que celui qui offre [le sacrifice] est lui-même glorifié dans ce qu'il offre, si son don est accepté... Il faut donc offrir à Dieu les prémices de sa créature, comme le dit Moïse : *Tu ne paraîtras pas devant le Seigneur les mains vides* (2), de sorte que l'homme, étant regardé comme agréable dans ce en quoi il est vraiment agréable, reçoive l'honneur qui vient de Dieu. — Les oblations, comme telles, ne sont pas répudiées, parce qu'il y a là des oblations comme il y en a ici : sacrifices ; dans le peuple [juif], sacrifices dans l'Eglise ; seule

(1) *Adv. hær.*, IV, 17 ⁴⁻⁵ ; *P. G.*, t. VII, col. 1023-1024.
(2) Deut., XVI, 16.

l'espèce est changée, parce que [le sacrifice] est offert non plus par les esclaves mais par les [hommes] libres... Donc les sacrifices ne sanctifient pas l'homme ; car Dieu n'a pas besoin de sacrifice ; mais la conscience de celui qui offre, si elle est pure, sanctifie le sacrifice, et fait que Dieu l'accepte comme [venant] d'un ami (1)... Puisque l'Eglise offre avec simplicité, son don est justement regardé par Dieu comme un sacrifice pur. Comme saint Paul dit aux Philippiens : *J'ai été comblé de biens, en recevant par Epaphrodite ce qui vient de vous comme un parfum de bonne odeur, un sacrifice que Dieu accepte et qui lui est agréable* (2). Il faut que nous fassions une oblation à Dieu et que nous soyons trouvés en tout agréables à Dieu, notre Créateur, dans la pureté d'esprit et dans une foi sans hypocrisie, dans une ferme espérance, dans un amour fervent, lui offrant les prémices de ses créatures. Et cette oblation l'Eglise seule l'offre pure au Créateur, lui offrant de ses créatures avec des actions de grâces... Comment seront-

(1) Citation d'Is., LXVI, 3ᵇ : *qui mactat pecus, quasi qui excerebret canem.*
(2) IV, 18.

ils [certains hérétiques] assurés que ce PAIN, SUR LEQUEL ON A FAIT DES ACTIONS DE GRACES, EST LE CORPS DE LEUR SEIGNEUR, ET LE CALICE [est le calice] DE SON SANG (1), s'ils ne confessent pas qu'il [le Seigneur] est le Fils du Créateur du monde, c'est-à-dire son Verbe, par lequel l'arbre fructifie, les sources coulent et la terre produit d'abord la tige, ensuite l'épi, enfin le grain ? — Comment diront-ils que la chair est destinée à la corruption, et ne participe pas à la vie [éternelle], ELLE QUI EST NOURRIE DU CORPS DU SEIGNEUR ET DE SON SANG ? (2). Qu'ils changent d'opinion, ou qu'ils renoncent aux dites oblations : Quant à notre opinion, elle est conforme à l'eucharistie, et l'eucharistie confirme notre opinion. Nous lui offrons ses propres [biens], annonçant ainsi convenablement la communion et l'union de la chair et de l'esprit. CAR DE MÊME QUE LE PAIN [venant] DE LA TERRE, LORSQU'IL A REÇU L'INVOCATION DE DIEU, N'EST PLUS PAIN ORDINAIRE, MAIS EUCHARISTIE, SE COMPOSANT DE DEUX CHOSES, L'UNE TERRESTRE, L'AUTRE CÉLESTE, AINSI NOS

---

(1)... *corpus esse Domini sui, et calicem sanguinis ejus, etc.*

(2)..... τὴν [σάρκα] ἀπὸ τοῦ σώματος τοῦ Κυρίου καὶ τοῦ αἵματος αὐτοῦ τρεφομένην.

CORPS, AYANT REÇU L'EUCHARISTIE, NE SONT PLUS CORRUPTIBLES, PARCE QU'ILS ONT L'ESPOIR DE LA RÉSURRECTION POUR L'ÉTERNITÉ (1).

.....Il [Dieu] veut donc que nous offrions un don à l'autel fréquemment et sans interruption. L'autel est dans les cieux, car c'est là que nous dirigeons nos prières et nos oblations ; [là aussi est] le temple, comme dit Jean dans l'Apocalypse (xi, 19) : « *Et le temple de Dieu fut ouvert* ; et le tabernacle : *Voici*, dit-il (xxi, 3) *le tabernacle de Dieu, où il habitera avec les hommes* » (2).

3º Il insinue clairement que le pain est le corps du Seigneur, et le calice son sang. — « Comment, si le Seigneur [descendait] d'un autre Père, aurait-il pu justement prendre du pain qui est de la même nature que nous, déclarer qu'il est son corps, et affirmer que la coupe mélangée est son sang ? » (3).

4º Il démontre la réalité de la chair de

______

(1) Ὡς γὰρ ἀπὸ γῆς ἄρτος προσλαμβανόμενος τὴν ἐπίκλησιν τοῦ Θεοῦ, οὐκέτι κοινὸς ἄρτος ἐστίν, ἀλλ' εὐχαριστία, ἐκ δύο πραγμάτων συνεστηκυῖα, ἐπιγείου τε καὶ οὐρανίου, οὕτως καὶ τὰ σώματα ἡμῶν μεταλαμβάνοντα τῆς εὐχαριστίας, μηκέτι εἶναι φθαρτά, τὴν ἐλπίδα τῆς εἰς αἰῶνας ἀναστάσεως ἔχοντα.

(2) *Adv. hær.*, iv, 18². ⁶ ; *P. G.*, t. VII, col. 1024-1029.

(3) *Ibid.*, iv, 33² ; *P. G.*, t. VII, col. 1073.

Jésus-Christ par l'Eucharistie : — « Si celle-ci [= la chair] n'est pas sauvée, le Seigneur ne nous a pas rachetés par son sang, et de plus ni LA COUPE EUCHARISTIQUE EST LA COMMUNION DE SON SANG, NI LE PAIN QUE NOUS ROMPONS EST LA COMMUNION DE SON CORPS (1). Le sang en effet ne provient que des veines et de la chair et du reste de la substance humaine; le Verbe de Dieu s'étant fait cette [substance] nous a rachetés par son sang; comme le dit son apôtre : *En qui nous avons la rédemption par son sang, la rémission des péchés* (2). — Puisque nous sommes ses membres, et que nous sommes nourris par la créature, — et la créature c'est lui qui nous la donne, faisant lever son soleil et pleuvoir comme il veut — il déclara que LE CALICE QUI [vient] DE LA CRÉATURE EST SON PROPRE SANG, DONT NOTRE SANG S'IMBIBE, et il attesta que LE PAIN QUI [vient] DE LA CRÉATURE EST SON PROPRE CORPS, DONT NOS CORPS CROÎSSENT (3). — Donc, lorsque le calice mélangé

______

(1) ... *Neque calix Eucharistiæ communicatio sanguinis ejus est, neque panis quem frangimus communicatio corporis ejus est.*

(2) COL., I, 14.

(3) ... τὸ ἀπὸ τῆς κτίσεως ποτήριον αἷμα ἴδιον ὡμολό-γησεν, ἐξ οὗ τὸ ἡμέτερόν δεύει αἷμα · καὶ τὸν ἀπὸ τῆς

et le pain fait (rompu) reçoivent la parole de Dieu, et l'Eucharistie devient le corps du Christ, et la substance de notre chair est nourrie et soutenue de ces [choses], comment peuvent-ils dire que la chair ne peut recevoir le don de Dieu, qui est vie éternelle, [cette chair] QUI EST NOURRIE DU CORPS ET DU SANG DU SEIGNEUR, ET EST SON MEMBRE? (1). Comme dit le bienheureux Paul dans son Epître aux Ephésiens : *Nous sommes les membres de son corps, de sa chair et de ses os* (2); il ne dit pas cela d'un homme spirituel et invisible, — car *l'esprit n'a ni os ni chair* (3) — mais du vrai système humain, qui se compose de chair, de nerfs et d'os, LEQUEL EST NOURRI DU CALICE QUI EST SON SANG ET CROÎT PAR LE PAIN QUI EST SON CORPS (4). Et de même que le bois de la vigne, planté

κτίσεως ἄρτον ἴδιον σῶμα διεβεβαιώσατο, ἀφ'οὗ τὰ ἡμέτερα αὔξει σώματα.

(1) ... πῶς δεκτικὴν μη εἶναι λέγουσι τὴν σάρκα τῆς δωρεᾶς τοῦ Θεοῦ, ἥτις ἐστί ζωὴ αἰώνιος, τὴν ἀπὸ τοῦ σώματος καὶ αἵματος τοῦ Κυρίου τρεφομένην, καὶ μέλος αὐτοῦ ὑπάρχουσαν ;

(2) v, 30.

(3) LUC, XXIV, 39.

(4) ἥτις [οἰκονομία] καὶ ἐκ τοῦ ποτηρίου, ὅ ἐστι τὸ αἷμα αὐτοῦ, τρέφεται, καὶ ἐκ τοῦ ἄρτου, ὅ ἐστι τὸ σῶμα αὐτοῦ, αὔξεται.

en terre, porte des fruits en son temps, et que le grain du froment, tombant sur la terre et étant dissous, lève multiplié par l'Esprit de Dieu, qui soutient tout; de même que, dans la suite, ces choses par la sagesse de Dieu servent à l'usage des hommes, et, recevant la parole de Dieu, DEVIENNENT EUCHARISTIE, QUI EST LE CORPS ET LE SANG DU CHRIST (1); ainsi nos corps nourris d'elle [= l'Eucharistie], déposés en terre et s'étant dissous en elle, ressusciteront en leur temps, lorsque la Parole de Dieu leur donnera la résurrection pour la gloire de Dieu et du Père » (2).

II. — Leur doctrine.

Si maintenant nous coordonnons les éléments doctrinaux des textes irénéens, nous avons cinq points clairs et précis : 1º l'Eucharistie est le sacrifice universel prédit par le prophète Malachie; ce sacrifice n'est offert que dans l'Église catholique; 2º le pain et le calice sont le corps et le sang de Jésus-Christ; 3º l'Eucharistie se compose

____

(1) εὐχαριστία γίνεται, ὅπερ ἐστι σῶμα καὶ αἷμα τοῦ Χριστοῦ.

(2) *Ibid.*, v, 2²⁻³ ; *P. G.*, t. VII, col. 1124-1127.

de deux éléments : l'un *terrestre*, l'autre *céleste*; s'il est permis de hasarder une interprétation, on peut dire que saint Irénée a pressenti et affirmé d'avance la distinction entre les *espèces sensibles* et le *corps* et le *sang* de Jésus-Christ, enseignée par la scolastique et sanctionnée presque sûrement par le Concile de Trente; l'élément terrestre, ce sont les espèces sacramentelles, et l'élément céleste le corps et le sang de Jésus-Christ ; rien n'oblige à voir dans ce texte d'Irénée la théorie protestante de la *consubstantiation*, d'après laquelle le pain et le vin d'un côté, le corps et le sang de Jésus-Christ de l'autre, coexisteraient ensemble ; pour l'élément céleste, il n'y a aucune difficulté ; lorsque Irénée parle de l'élément terrestre, tout porte à croire qu'il avait en vue les espèces sensibles ; ceux qui entendent cette expression de la persistance du pain et du vin, dépassent la portée du texte ; si nous ne pouvons pas, au point de vue strictement critique, affirmer avec certitude qu'il s'agit des espèces sensibles, il est encore moins permis aux théologiens protestants d'embrasser une interprétation, qui mettrait Irénée en contradiction avec le Dogme catholique ;

nous pouvons, avec de très bonnes raisons, nous tenir à l'interprétation orthodoxe, d'autant plus que la doctrine de l'évêque de Lyon sur l'Eucharistie est trop cohérente et trop ferme, pour qu'il soit possible d'y faire une fissure, qui la désarticulerait complètement ; si le protestantisme aspire à trouver la théorie de la *consubstantiation* dans saint Irénée, ce n'est pas ce mot imprécis qui le fera triompher dans sa tâche ; 4° notre chair se nourrit du corps et du sang de Jésus-Christ et devient incorruptible pour la vie éternelle ; 5° enfin l'Eucharistie est le corps et le sang de Jésus-Christ.

Nous avons examiné en détail les principaux textes eucharistiques, il nous reste en finissant à les présenter dans un tableau synoptique, pour qu'on en saisisse immédiatement toutes les nuances.

Matthieu	Marc	Luc	Paul	Justin	Irénée
I. — Le Pain					
PRENEZ, *mangez,* ceci est mon corps.	PRENEZ, ceci est mon corps.	Ceci est mon corps *donné* pour vous ; FAITES CECI EN MÉMOIRE DE MOI.	Ceci est mon corps qui pour vous ; FAITES CECI EN MÉMOIRE DE MOI.	FAITES CECI EN MÉMOIRE DE MOI ; ceci est mon corps.	Ceci est mon corps
II. — Le Calice					
Buvez de lui tous; car ceci est mon sang du Testament, qui [est] répandu pour plusieurs, *pour la rémission des péchés.*	Ceci est mon sang du Testament, qui [est] répandu pour plusieurs.	CE CALICE [est] le NOUVEAU TESTAMENT DANS mon sang, qui [est] répandu pour vous.	CE CALICE [est] le NOUVEAU TESTAMENT DANS mon sang ; *faites ceci en mémoire de moi toutes les fois que vous en boirez.*	Ceci est mon sang.	Ceci est mon sang du NOUVEAUX Testament. *Faites ceci.*

III. — La lettre d'Irénée à saint Victor.

Cette lettre ne se trouve pas dans les œuvres de saint Irénée ; elle nous a été conservée par Eusèbe. C'est pour cette raison que nous l'examinons à part. On connaît le sujet de cette lettre : Irénée écrit au pape Victor pour le prier d'user de douceur et de longanimité envers ceux qui s'obstinaient à conserver l'usage asiatique touchant la célébration de la Pâque. Cette pièce nous intéresse parce qu'elle contient un texte eucharistique. Saint Irénée s'exprime ainsi : « Jamais personne n'a été rejeté [de l'Eglise] pour cet usage (1) ; mais les presbytres qui vous ont précédé, quoiqu'ils n'observassent pas cet usage, ENVOYAIENT L'EUCHARISTIE (2) aux [presbytres] des Eglises qui l'observaient. Lorsque le bienheureux Polycarpe se trouvait à Rome au temps d'Anicet, quoiqu'ils [tous deux] fussent d'avis contraire sur certaines matières de peu d'importance, ils firent néanmoins la paix sans délai, et ne se dispu-

(1) De célébrer la Pâque à une date différente de celle où la célébraient les Romains.

(2) ἔπεμπον εὐχαριστίαν.

tèrent pas sur ce point ; ni Anicet ne put convaincre Polycarpe de ne pas observer [cet usage], car il l'avait toujours observé avec Jean, disciple de Notre-Seigneur, et les autres apôtres, avec lesquels il avait été en rapport, ni Polycarpe ne put persuader à Anicet de l'observer, car il disait qu'il fallait retenir la coutume des presbytres qui l'avaient précédé. Les choses étant ainsi, ils communièrent ensemble, et Anicet DONNA DANS L'ÉGLISE L'EUCHARISTIE (1) à Polycarpe, évidemment comme une marque d'honneur, et ils se séparèrent en paix, et ceux qui l'observaient comme ceux qui ne l'observaient pas [l'usage] conservèrent la paix de toute l'Eglise » (2). — Ce passage fournit deux indications : 1° on célébrait l'Eucharistie dans l'Eglise ; 2° on s'envoyait probablement l'Eucharistie d'une Eglise à l'autre, au moins entre Eglises voisines ; car pour le cas actuel il pourrait bien ne s'agir que d'évêques ou de prêtres de provinces étrangères présents dans la capitale et auxquels le pape donnait des signes de son amitié.

(1) ἐν τῇ ἐκκλησίᾳ παρεχώρησεν ὁ Ἀνίκητος τὴν εὐχαριστίαν, κ. τ. λ.

(2) H. E., V, 24[15.17].

CHAPITRE V

L'EUCHARISTIE DANS L'*INSCRIPTION D'ABERCIUS*

I. Historique de l'Inscription. — II. Traduction de l'Inscription. — III. Interprétation de l'Inscription.

I. — Historique de l'Inscription.

Il faut remonter à Tillemont pour trouver les premières indications sérieuses et critiques sur Abercius et l'Inscription qui porte son nom. Sur saint Aberce : « Le nom de s. Aberce est célèbre parmi les Grecs, qui en font un office solennel le 22 d'octobre. Les Latins ne l'ont pas connu, et son nom ne se trouve point dans les anciens martyrologes. Baronius l'a mis dans le Romain au mesme jour qu'en font les Grecs. Il dit avoir eu entre les mains une lettre de ce Saint à M. Aurèle, traduite du grec, et pleine d'un esprit apostolique. Il promet de la donner dans ses *Annales*; mais au lieu de le faire, il se plaint qu'elle luy estait échappée d'entre les mains, et qu'il ne l'avait pu retrouver » (1). Plus loin, ayant rappelé que « Baronius assure qu'il s'y est glissé [dans la vie grecque d'Aberce] plusieurs choses qu'on ne saurait approuver », il fait la remarque suivante : « Il pourrait bien avoir eu particulièrement en vue l'épitaphe qu'on prétend que le Saint dicta luy mesme. Car il est assez étrange qu'un saint Evesque âgé de 72 ans et près de mourir, qu'on nous dépeint comme un homme tout apostolique, ordonne de graver sur son tombeau, qu'il a esté envoyé à Rome pour y voir des palais, une Impératrice toute couverte d'or jusqu'à ses souliez, et un peuple orné de bagues magnifiques; qu'il défende d'enterrer personne au-dessus de luy ; et qu'il ordonne que qui le fera, payera deux mille pièces d'or au thrésor impérial, et mille à la ville d'Hiéraple. Ce ne sont pas là

____

(1) *Mém.*, t. II (Bruxelles, 1732), p. 137.

les pensées ordinaires des Saints quand ils se préparent à la mort » (1). — Dom Pitra sentit l'importance de cette épitaphe ; il l'étudia avec le plus grand soin et constata que son mètre avait de frappantes analogies avec l'inscription de Pectorius d'Autun ; aussi la publia-t-il dans le *Spicilegium solesmense* (2). Les Bollandistes marchèrent sur les traces de Dom Pitra (3). En 1882 le savant anglais Ramsay, explorant la vallée de Sandukly, en Phrygie, découvrit, au village de Keleudres, sur une colonne de pierre, une inscription grecque en mètres. Cette Inscription, qui était l'épitaphe d'un certain Alexandre, fils d'Antoine, était une imitation de celle d'Abercius. L'année suivante (1883), le même savant revint en Phrygie, et trouva près d'Hiéropolis, dans le mur d'un bain public, deux fragments épigraphiques, qui sont une portion de l'épitaphe d'Abercius. Ces deux fragments se trouvent aujourd'hui au musée du Latran, à Rome. Les savants s'accordent à dater l'Inscription de la fin du IIᵉ siècle.

(1) *Ibid.*, p. 298.
(2) T. III (Paris, 1855), p. 533.
(3) *Acta Sanct.*, t. VIII du mois d'octobre (1858), p. 515-519.

II. — Traduction

Citoyen d'une cité distinguée, j'ai fait [ce monument] de mon vivant, afin d'y avoir un jour une place pour mon corps ; mon nom est Abercius ; je suis le disciple d'un pasteur pur, qui pait ses troupeaux de brebis par monts ét plaines, qui a des yeux très grands qui voient partout. C'est lui qui m'a enseigné... les écritures fidèles, qui m'envoya à Rome contempler la majesté souveraine et voir une reine aux vêtements d'or, aux chaussures d'or. Je vis là un peuple qui porte un sceau brillant. J'ai vu aussi la plaine de Syrie, et toutes les villes et Nisibe au delà de l'Euphrate. Partout j'ai trouvé des confrères. J'avais Paul pour... la foi me conduisait partout. Partout elle m'a servi en nourriture un poisson de source très grand, pur, qu'a pêché une Vierge pure. Elle le donnait sans cesse à manger aux amis, elle possède un vin délicieux qu'elle donne avec le pain. J'ai fait écrire ici ces choses, moi, Abercius, à l'âge de soixante-douze ans véritablement. Que le confrère qui les comprend prie pour Abercius. On ne doit pas mettre un autre tombeau au dessus du mien ; sinon deux mille pièces d'or [d'amende] pour le fisc romain, mille pour ma chère patrie Hiéropolis.

III. — Interprétation.

1° *Fausses interprétations.*

Trois tentatives ont été faites pour donner à l'Inscription d'Abercius une interprétation autre que celle dont elle est susceptible.

1. En 1894, M. Ficker, professeur à l'Université de Halle, lut devant l'Académie des sciences de Berlin un mémoire où il s'efforçait de démontrer qu'Abercius fut un prêtre de Cybèle, dont le zèle au service de la déesse est vanté par l'épitaphe (1). O. Hirschfeld vint au secours du jeune professeur de Halle (2). Cette fantaisie reçut dans le monde savant l'accueil qu'elle méritait. De Rossi termina ainsi la discussion : « Le paradoxe extravagant est d'une si grande et si évidente absurdité, que je croirais perdre mon temps, si je m'attachais à le réfuter » (3). Mgr Duchesne se borna à railler l'auteur de cette interprétation : « M. Ficker, conclut-il, a sans doute voulu rire et dérider aussi l'Académie, de Berlin » (4). — 2. En 1895, Ad. Harnack entra en scène et atténua le radicalisme de la

(1) *Der heidenische Charakter der Abercius-Inschrift,* dans les *Actes de l'Académie de Berlin,* 1er février 1894, p. 87-112.

(2) *Zu der Abercius-Inschrift, ibid.,* 22 février, p. 213.

(3) *Lo stravagante paradosso è di tanta e così manifesta assurdita, che stimerei perdere il tempo, se mi accingessi a confutarlo. (Bull. di arch. crist.,* 1894, p. 62).

(4) *Bull. crit.,* t. XV, 1894, p. 117.

thèse de M. Ficker (1); pour lui, l'inscription d'Abercius est une espèce de pastiche qui se compose d'éléments chrétiens et païens ; Th. Zahn (2) et Mgr Duchesne (3) se chargèrent de montrer le mal fondé de cette thèse. — 3. En 1896, M. Dietrich, professeur à Marbourg, exposa la thèse la plus documentée : « Suivant M. Dietrich, le saint pasteur dont le regard atteint partout n'est pas, comme on le croyait, le Christ, mais Attis dont Abercius était prêtre. Les Ecritures sincères que le Dieu phrygien lui a apprises, sont les formules sacrées enseignées dans ses mystères. — Ce même dieu ou, en d'autre termes, la communauté de ses fidèles l'envoya à Rome pour assister au mariage que l'empereur Héliogabale fit célébrer solennellement en 216 entre Elagabal, son idole syrienne, et la déesse *Caelestis* de Carthage. Ce sont là le roi et la reine aux vêtements d'or, aux chaussures

(1) *Zur Abercius-Inschrift*, dans les *Texte und Untersuchungen*, t. XII, fasc. 4, p. 28.

(2) *Ein altchristl. Grabinschrift*, dans la *Neue Kirchl. Zeitschrift*, t. VI (1895), p. 863-886.

(3) *L'épitaphe d'Abercius* dans les *Mélanges de l'école de Rome*, 1895, p. 155-182. Cf. aussi, du même auteur, *Saint Abercius*, dans *Revue des questions historiques*, t. XXXIV, p. 5-33.

d'or, et celle-ci ne désigne donc pas l'Église romaine qu'on avait voulu y reconnaître. Le λαός que vit Abercius est la pierre sacrée d'Emèse, qui fut à cette occasion promenée sur un char dans les rues de Rome. Plus tard Abercius a visité les sanctuaires de la Syrie, conduit par Nestis, la déesse de l'eau et du jeûne ; il a mangé non pas l' ἰχθύς des chrétiens, né de la Vierge, mais les poissons sacrés d'Atargatis, que les prêtresses seules avaient le droit de pêcher. Il a consommé aussi du pain et du vin, mais il s'est soigneusement abstenu de viande, nourriture prohibée » (1). M. Fr. Cumont (2) réfuta cette interprétation fantaisiste.

2° *Interprétation vraie.*

L'épitaphe d'Abercius est un document chrétien, qui traite de mystères chrétiens. Aux auteurs, dont nous venons d'exposer l'exégèse, et qui ont voulu voir dans l'auteur de l'inscription un païen, il suffirait de répondre que l'Abercius de l'inscription est le même qu'Abvircius Marcellus, évêque

---

(1) *Dictionnaire d'archéologie chrétienne*, publié sous la direction de Dom CABROL, t. I, col. 75.

(2) *L'inscription d'Abercius et son dernier exégète*, dans *Revue de l'instr. publ. en Belgique*, 1897, p. 91.

antimontaniste, en Phrygie, mentionné par Eusèbe (1) à cette époque même. La teneur de l'inscription nous initie au symbolisme chrétien et atteste ouvertement l'Eucharistie. Une courte exégèse suffira pour s'en convaincre : 1° Le symbolisme du *poisson* est connu de tous les archéologues chrétiens ; il désigne Notre-Seigneur Jésus-Christ ; le mot grec Ἰχθύς, « poisson », se compose de cinq lettres dont chacune forme l'initiale d'un des cinq mots suivants : Ἰησοῦς Χριστός Θεοῦ Υἱὸς Σωτήρ, « Jésus-Christ, Fils de Dieu, Sauveur » ; de plus, le *poisson*, l'Ἰχθύς, est une allusion au baptême et à l'Eucharistie ; l'allusion au baptême est expressément mentionnée par Tertullien : « Nous autres petits poissons, dit-il, nous naissons dans l'eau selon notre POISSON Jésus-Christ » (2). De son temps, Clément d'Alexandrie conseillait aux chrétiens de faire graver l'image de l'Ἰχθύς sur leurs anneaux pour ne pas oublier leur origine. L'inscription de Pectorius d'Autun rappelle que le fidèle est de la race de l'Ἰχθύς. L'allusion à

____

(1) H. E., V, 16³.

(2) *Nos pisciculi, secundum* IXΘΥΝ *nostrum Jesum Christum, in aqua nascimur.* (*De Bapt.*, 1 ; *P. L.*, t. I col. 1198).

l'Eucharistie, on la voit dans ce fait que le poisson figura dans les deux multiplications des pains, figures de l'Eucharistie, opérées par Notre-Seigneur, et dans les deux repas que Notre-Seigneur ressuscité fit avec ses disciples ; on peut donc conclure que « recevoir l'Ἰχθύς » et « communier » sont synonymes. — 2° Ce poisson on le donnait en *nourriture* à Abercius, partout sur sa route ; cette « nourriture » (τροφή) ne peut être que la nourriture *sacrée*, l'Eucharistie ; la chose ne saurait faire aucun doute : les espèces sous lesquelles on lui donne cette nourriture sont : du *vin*, οἶνος ; *mélangé* [avec de l'eau], κέρασμα, et du *pain*, ἄρτος. C'est la terminologie même que nous avons rencontrée dans saint Justin pour désigner l'Eucharistie. — 3° S'il nous était permis de sortir de notre sujet, nous ajouterions que la « vierge pure », παρθένος ἁγνή, de l'inscription est la Vierge Marie elle-même ; cette vierge pure « a pêché » le poisson qu'on sert en nourriture à Abercius ; c'est la Vierge Marie qui a enfanté le Verbe incarné, Jésus-Christ.

CHAPITRE VI

L'EUCHARISTIE DANS L'ART CHRÉTIEN

Le symbolisme des sacrements dans l'art chrétien se développe surtout au iiiᵉ siècle ; il trouve son expression la plus complète, et, pour ainsi dire, la plus intense dans le cycle des peintures qui ornent, au cimetière de Calliste, les chapelles dites « des Sacrements ». Nous ne pouvons pas exploiter ce groupe de peintures, parce que nous nous sommes engagé à ne pas descendre plus bas que le iiᵉ siècle. L'art chrétien des deux premiers siècles sur ce sujet est assez pauvre ; nous ne pouvons mieux faire, pour épuiser ce chapitre, que de citer les paroles d'un des maîtres contemporains de l'Archéologie chrétienne : « Les peintures chrétiennes des catacombes remontent jusqu'au iᵉʳ siècle ; mais, au début, l'art chrétien s'employa plutôt à la décoration des hypogées qu'à la manifestation des sentiments de foi et de piété. Toutefois, même au milieu de ces peintures décoratives, d'un style qu'on pourrait appeler pompéien, nous trouvons déjà des figures symboliques, le bon Pasteur, la vigne, l'orante (symbole de l'âme). — Au IIe siècle, la langue symbolique de l'art chrétien est formée ; de cette époque sont les fresques des cimetières de Calliste et de Priscille, où nous voyons le poisson, image du Christ, accompagné des éléments de l'Eucharistie, le pain et le vin ; et le repas eucharistique présidé par le prêtre qui brise le pain pour le distribuer aux fidèles, *fractio panis* » (1).

(1) MARUCCHI, art. *Archéologie chrétienne*, dans le *Dictionnaire de théologie catholique* de VACANT-MANGENOT, t. I, col. 1766-1667. Cf. aussi WILPERT, *Fractio panis*.

CHAPITRE VII

SYNTHÈSE DOCTRINALE

I. L'Eucharistie Repas spirituel. — II. L'Eucharistie Communion. — III. L'Eucharistie Service d'action de grâces. — IV. L'Eucharistie Commémoration. — V. L'Eucharistie Sacrifice.

A l'exemple de M. Frankland, dans sa remarquable monographie, je me propose de condenser sous ce titre de « Synthèse doctrinale », tous les aspects dogmatiques de l'Eucharistie. Ce chapitre pourra être très utile aux théologiens et aux personnes qui désirent acquérir une solide instruction religieuse.

I. — L'Eucharistie *REPAS SPIRITUEL* (Δεῖπνον).

On peut dire que cette idée se trouve dans les documents canoniques : Luc, XXII, 20ᵃ :

Il [Jésus] *prit de même la coupe, après le souper*, μετὰ τὸ δειπνῆσαι, etc. Ce repas, si l'on tient compte du contexte, ne peut se rapporter qu'à la distribution du corps, relatée ⅴ. 19ᵇ. Cf. aussi I Cor., xi, 25ᵃ (1). Nous avons déjà entendu saint Ignace d'Antioche dire aux Romains, vii, 3 : « Je veux le pain de Dieu qui est la chair du Christ... et je veux pour breuvage son sang, qui est charité incorruptible » ; saint Justin déclare que l'Eucharistie n'est « ni un pain ordinaire ni un breuvage ordinaire » ; qu'elle est une « nourriture », τρόφη, qui rappelle la passion du Fils de Dieu ; saint Irénée enseigne que notre chair « est nourrie du corps et du sang du Seigneur » ; que « le corps [de Jésus-Christ] nourrit notre corps ». Ces affirmations multiples reconnaissent à l'Eucharistie le caractère d'un vrai « Repas ».

II. — L'Eucharistie *COMMUNION* (Κοινωνία).

Le premier germe de cette doctrine se trouve dans Joa., vi, 57 : « Celui qui mange

(1) Il faut rapprocher de ces textes Joa., vi, 52-57. Ce chapitre contient la promesse de l'Eucharistie ; or, dans les ⅴⅴ. susdits, Jésus déclare que « sa chair est une nourriture et son sang un breuvage ».

ma chair et qui boit mon sang demeure en moi et moi en lui ». Elle est explicitement enseignée par saint Paul, I COR., x, 16 : « La coupe de bénédiction que nous bénissons, n'est-elle pas la communion au sang du Christ ? Le pain, que nous rompons, n'est-il pas la communion au corps du Christ ? » (1). Saint Irénée nous a dit : « Nous lui [Dieu] offrons ses propres [biens], annonçant ainsi convenablement la communion et l'union de la chair et de l'esprit » (2) ; il nous a aussi rappelé le texte de saint Paul (3). Il est donc certain que pour les anciens l'Eucharistie est une participation, une communion au corps et au sang de Jésus-Christ.

III. — L'Eucharistie *ACTION DE GRACES* (Εὐχαριστία).

Action de grâces est l'étymologie même du mot : *Eucharistie*. L'action de grâces

----

(1) κοινωνία τοῦ αἵματος...... κοινωνία τοῦ σώματος.

(2) ἐμμελῶς κοινωνίαν καὶ ἕνωσιν ἀπαγγέλοντες σαρκὸς καὶ πνεύματος.

(3) *Si autem non salvetur hæc* [la chair], *videlicet nec Dominus sanguine suo redemit nos, neque calix Eucharistiæ communicatio sanguinis ejus est, neque panis quem frangimus communicatio corporis ejus est.*

accompagnait toujours la célébration de l'Eucharistie. C'est ainsi qu'elle est célébrée dans le Nouveau Testament, MATTH., XXVI, 27 ; MARC, XIV, 23 ; LUC, XXII, 17 ; I COR., XI, 24. C'est le nom technique qu'elle porte, comme nous l'avons déjà vu, dans les lettres de saint Ignace, PHIL., IV ; SMYR., VII, 1. On peut supposer que si saint Ignace lui donne ce nom, c'est qu'il l'envisageait surtout comme un service d'action de grâces. Saint Justin nous a parlé du « pain de l'Eucharistie », de « l'Eucharistie du pain et du calice » ; il nous a dit aussi que dans les réunions eucharistiques du Dimanche, le président « priait et rendait grâces autant qu'il lui était possible ». Mêmes pensées dans saint Irénée ; il nous a dit que « le pain sur lequel on a fait des actions de grâces est le corps du Seigneur » ; que les éléments, ayant reçu la parole de Dieu, « deviennent Eucharistie qui est le corps et le sang du Christ ». La primitive Eglise regardait donc l'Eucharistie comme un service d'action de grâces.

IV. — L'Eucharistie *COMMÉMORATION* (Ἀνάμνησις).

Les formules eucharistiques de LUC, XXII, 19°, et de PAUL, I COR., XI, 24°, 25°, contiennent cette idée ; c'est le Seigneur lui-même qui ordonne de célébrer l'Eucharistie « en mémoire de Lui ». Saint Paul est bien plus explicite, *ibid.*, 26 : « Toutes les fois que vous mangez ce pain et que vous buvez ce calice, vous annoncez la mort du Seigneur ». Ignace d'Antioche paraît avoir en vue cette idée lorsqu'il dit, SMYR., VII, 1, « qu'ils [les Gnostiques] s'abstiennent de l'Eucharistie et de la prière parce qu'ils ne confessent pas que l'Eucharistie est la chair de notre Sauveur Jésus-Christ, laquelle a souffert pour nos péchés, que le Père a ressuscitée dans sa bonté ». Saint Justin rapporte la recommandation du Seigneur, et y ajoute cette idée que nous célébrons l'Eucharistie « en mémoire de la passion, que le Seigneur souffrit pour nous ». Saint Irénée n'insiste pas sur ce caractère de l'Eucharistie. Cette préterrition ne saurait pourtant affaiblir le courant général ; or, l'idée générale qui se fait jour dans les documents primitifs c'est que l'Eucharistie commémore la passion, la mort et aussi la résurrection de Jésus-Christ. La recommandation du Sauveur est trop touchante pour ne pas avoir pénétré les premières générations chrétiennes. L'Eucharistie leur remettait sous les yeux les derniers moments du Sauveur.

V. — L'Eucharistie *SACRIFICE* (Θυσία).

Le caractère *sacrificiel* de l'Eucharistie est trop clairement affirmé dans les monuments de la littérature primitive, pour qu'il soit nécessaire d'insister longuement. On pourrait voir une vague indication dans l'*Epître aux Hébreux*, XIII, 15ᵃ (Θυσία αἰνέσεως, « sacrifice de louange »), et dans la Iᵃ *Clementis* XLI, 2 (1). La *Didachè*, XIV, 1, 2, 3, appelle trois fois l'Eucharistie un sacrifice. Il est inutile de revenir sur l'enseignement de saint Justin et de saint Irénée ; nous savons que ces deux Pères voient dans l'Eucharistie le sacrifice universel et pur, prédit, dans l'ancienne Loi, par le prophète Malachie. Ainsi entendu, le sacrifice eucharistique était destiné, dans les desseins de la Providence, à rendre inutiles et à remplacer tous

(1) Voici la traduction de ce passage : « [Mes] frères, on n'offre pas partout des sacrifices de perpétuité ou de prières ou pour les péchés et les fautes, mais seulement à Jérusalem ; et là, on n'offre pas en tout lieu, mais uniquement à l'intérieur du temple, vers le sanctuaire ; l'offrande est minutieusement examinée par le grand prêtre et les ministres de la liturgie ».

les sacrifices de la Loi ancienne. Saint Justin insiste spécialement sur cet accomplissement de la prophétie de Malachie. L'Eucharistie est donc un vrai sacrifice ; elle est le sacrifice éternel et universel, comme la Religion dont elle fait partie ; elle est, de plus, un sacrifice d'une efficacité infinie et inépuisable.

CONCLUSION

Nous avons examiné, discuté avec le plus grand soin les textes eucharistiques des deux premiers siècles ; dans ce travail nous n'avons jamais déserté le terrain de l'histoire et de la critique ; nous avons écarté de nos recherches toute préoccupation apologétique ou confessionnelle, pour laisser parler uniquement les textes et les documents. C'est la seule méthode vraiment efficace, dans les études d'histoire des Dogmes, parce qu'elle recueille les témoignages et les faits du passé, au lieu de procéder par des prélibations ou des suppositions arbitraires ; c'est aussi la seule qui soit acceptable à l'heure actuelle dans le monde des savants, qui aspire de plus en plus à vivre de sincérité, de loyauté et d'objectivité. En nous plaçant au point de vue catholique, nous n'avons pas néanmoins à nous repentir d'avoir suivi une pareille méthode ; les résultats sont, en somme, bien favorables à la Dogmatique catholique ; certains textes sont sans doute un peu trop imprécis ; de certains autres, la critique n'est pas en état d'expliquer les variantes. N'importe : au milieu de toutes ces divergences accidentelles et, pourrait-on dire, littéraires, nous trouvons un noyau identique, indéformable, d'une signification indiscutable ; ce noyau porte en lui-même tous les éléments du Dog me eucharistique, tel que nous le croyons et pratiquons aujourd'hui au sein de l'Eglise catholique. Et s'il nous fallait résumer dans une phrase tous les enseignements des documents des deux premiers siècles, nous dirions que l'Eucharistie est le SACREMENT DU CORPS ET DU SANG DE JÉSUS-CHRIST, LE SACRIFICE DE LA NOUVELLE LOI, LE MÉMORIAL DE LA MORT DE L'HOMME-DIEU, L'ALIMENT SPIRITUEL DES AMES. Dans le cours des siècles, l'Eglise n'a donc rien inventé, rien bouleversé ; elle n'a introduit aucune innovation ; elle n'a fait que conserver et distribuer aux âmes, pour les sanctifier, ce qu'elle a reçu de Jésus-Christ et des Apôtres. Elle peut à juste titre s'appro-

prier les paroles de saint Paul et dire aux
fidèles disséminés dans toutes les régions
de la terre : *Quant à moi, j'ai appris du Seigneur ce que je vous ai enseigné* (1).

(1) I Cor., xi, 23ª.

TABLE DES MATIÈRES

Saint-Amand (Cher). — Imprimerie BUSSIÈRE.